进化的秘密

——"我"为什么是今天这个样子

[西] 卢卡斯·列拉/文

[西] 安赫尔·斯沃博达/绘

温大琳/译

清華大學 出版社

北 京

北京市版权局著作权合同登记号　图字：01-2020-6571

图书在版编目（CIP）数据

　进化的秘密："我"为什么是今天这个样子 /（西）卢卡斯·列拉文；（西）安赫尔·斯
沃博达绘；温大琳译. — 北京：清华大学出版社，2021.6
　ISBN 978-7-302-57327-2

　Ⅰ.①进… Ⅱ.①卢… ②安… ③温… Ⅲ.①动物—儿童读物 Ⅳ.①Q95-49

　中国版本图书馆CIP数据核字（2021）第012336号

责任编辑：李益倩
封面设计：鞠一村
责任校对：王凤芝
责任印制：杨　艳

出版发行：清华大学出版社
　　　　网　　址：http://www.tup.com.cn，http://www.wqbook.com
　　　　地　　址：北京清华大学学研大厦A座　　　邮　　编：100084
　　　　社 总 机：010-62770175　　　　　　　邮　　购：010-62786544
　　　　投稿与读者服务：010-62776969，c-service@tup.tsinghua.edu.cn
　　　　质量反馈：010-62772015，zhiliang@tup.tsinghua.edu.cn
印 装 者：当纳利（广东）印务有限公司
经　　销：全国新华书店
开　　本：250mm×320mm　　　　　　　　印　　张：6
版　　次：2021年6月第1版　　　　　　　　印　　次：2021年6月第1次印刷
定　　价：99.00元

产品编号：090724-01

写在前面的话

很多时候，当我们谈论进化时，一般都指数千年来已经结束的演变过程，好像进化就是解释物种变成今天这个样子的原因，而不涉及其未来的发展。我们也将进化当成一种理论概念来谈论。达尔文等人提出了这一学说，我们视其为理论，但我们常常无法从实践的角度来思考它，而进化却是时时刻刻在发生着。

当然，进化论从科学理论出发，以可理解的方式解释了为什么今天生活在地球上的是这些物种而非其他。不管怎么说，进化仍然是一个关于生命的令人着迷的奇迹。

进化究竟是什么呢？如果我们不用科学家的口吻来描述，那么进化就像是不间断的模特走秀。假如我们凝神观察动物的进化，就会发现在秀台上走过的动物有着各种各样的眼睛、羽毛、牙齿、爪、足……只有那些能发挥功用、增强能力的身体部位才能得以保留。而那些作用一般或者无用，甚至起到反作用的部位则会退化。

这就是进化：一种永不停歇的试验，每个物种会在这个过程中找到适应环境的最佳状态。你所能看到的只有那些能帮助动物生存下来的结构。

本书将介绍各种动物身上的不同部位，试图以轻松好玩的方式告诉读者，为何这些部位得以留存至今，为人所知。因为它们满足了动物不同的生存所需：进食、飞翔、观察、吼叫、逃遁、猎捕、游泳、漂浮、睡眠等。

如果猫头鹰无法在不动一根羽毛的情况下将脖子旋转180度，那么它可能早就在地球上消失了。因为它在转头的时候如果发出声响，猎物就会发觉而逃之夭夭。如果鸭子没有进化出脚蹼，那它也不会是游泳健将，而只会沉入水中。如果老鹰以100千米每小时的速度俯冲而下时，需要闭上眼睛以避免被风吹伤，它就无法活到今天。所以，它长出了第三层透明的眼睑，用来保护眼睛。

正如秀台上发生的那样，今日的流行未必在明朝仍受到追捧，总会冒出新的服装设计取悦人心。这些设计更光彩夺目，用料更新，更能帮助我们抵御冬天的寒冷和夏日的酷热。同样，更锋利的爪子，看得更远的眼睛，更有利于奔跑的蹄足将取代之前的。所以，进化永不止步，会让我们今天了解的动物继续变得更完美，未来的样子也将有所不同。

卢卡斯·列拉

你会在书中看到：

触角 0

眼睛 2

喙 8

防卫 10

足 12

牙齿 18

羽毛 20

鳍 28

痕迹器官 26

脚趾 30

触角

触角是非常复杂、构造多样的附肢，一般长在节肢动物的头部。触角的主要功能是探知周围环境的信息，可用于触碰、聆听、感知运动和气味等。

如我们所见，对于许多昆虫来说，触角是它们的嗅觉器官。许多蝴蝶和飞蛾用触角去闻它们赖以为生的植物的气味。

有些胡蜂用触角来感知猎物所处位置的远近。

天牛是鞘翅目昆虫的一个大家族，俗称长角甲虫。它们的触角非常显眼，比自己的身体长很多倍。

几乎所有昆虫的触角上都有重要的嗅觉器官。若没有的话，它们将难以识别出同类，也无法远距离识别出异性同类，那传宗接代就会遇到大麻烦。

除了气味，触角还具有其他感知能力，如：空气湿度、风速、环境噪声、温度等。

一些腹足纲软体动物，如蛞蝓（俗称鼻涕虫），头上有两对触角。其中一对触角用来触碰并感知地形的变化，而另一对的端部有眼睛，还能感知气味。

甲壳类动物有两对触角：前触角和后触角。

眼睛

大多数动物眼睛的结构都非常复杂：它们不仅可以捕获光线，聚焦物体，还能使物体成像并将其转换为大脑可接收的电信号，同时还能适应不同物种的需要。

章鱼
和乌贼的眼睛相对于它们的身体而言显得非常大，形状类似于脊椎动物的眼睛。不过，它们却像鱼的眼睛一样通过晶状体的前后移动来对焦图像。

有些动物竟然没有眼睛！某些生活在海洋深处的鱼类，或生活在黑暗的洞穴中的极微小的动物就没有眼睛，因为根本不需要，它们的居所总是漆黑一片！

变色龙的两只眼睛可以分别独立地转动，还有不少动物也是如此。

蛙类这样的两栖动物，最复杂的感觉是视觉。它们有三个眼睑：上眼睑和下眼睑是可开合的，而透明的瞬膜则能确保眼睛被水淹没时仍然可以看见。它们具有泪腺，可以保持眼睛湿润，并像鱼一样聚焦图像。

一只以150千米每小时的速度飞行的雨燕，能够以其细细的鸟喙捕捉到一只极小的昆虫而不被发现。想想看，它的视力得有多好？

绝大多数蜘蛛有8只单眼，然而它们的视力并不好，但跳蛛除外。跳蛛的头胸部前段有4只眼睛，侧面有4只眼睛，不用转动眼珠即可获得360度视野。它们在探知物体运动和计算距离方面非常准确。跳蛛的视力在节肢动物中是很好的。

有一类昆虫名为突眼蝇，它们的两只眼睛分别位于两只触角的顶端，能独立运动。蜗牛的眼睛与之类似。

许多昆虫都有复眼，比如苍蝇。复眼由数十个，甚至成百上千个小眼组成，对运动和光线非常敏感，但视力一般。

所有的动物都能像人一样看到颜色吗？

并非如此。你能想象动物眼中的景象是什么样子吗？

我们必须知道是什么让我们辨识出颜色。视锥细胞位于视网膜中，是负责感知颜色的细胞。

人类的眼睛有3种颜色的感光器，是大自然的三原色：红色、绿色和蓝色。许多鸟类、两栖动物、昆虫、爬行动物等，它们的眼睛有4种感光器，还能捕获紫外线。

再深入了解一点儿。螳螂虾的眼睛有12种感光器，没有哪种动物比它们的眼睛更复杂了。你能想象它们会看到什么吗？

有些夜行动物，例如猫头鹰，或者生活在深海等光线较暗地方的动物，它们不能辨别颜色。但它们的其他感官更为发达，比如听力。这样的动物还有海豹、海豚、鲸、仓鼠和一些鱼类。

快速进化

当DNA中的某些物质发生变化（即基因突变）时，生物就会发生变化。这种变化如果是有利于物种生存的就会得以存续。反之，如果是有害的，这种变化最终就会消失。

例如，动物体色的改变可以形成保护色，使其更好地伪装，更有机会生存下来，从而使该特性得以延续。到目前为止，我们看到的是数百年甚至几千年来产生的数十种突变案例，这些突变使动物身体的不同部位变成了适应环境和生存的最佳工具。尽管在短期内，这种突变几乎是缓慢且难以察觉的。

巴西东部的一个热带地区修建大坝蓄水。蓄水的结果是形成了300多个独立的小岛。许多蜥蜴因为失去了食物来源而消失了。但是，一种很小的壁虎不仅没有灭绝，反而在短短15年间发生了明显的进化：头变大了许多。

这是怎么回事呢？原来，居住在新岛屿上的白蚁，以前曾是其他较大的蜥蜴的食物，现在却成为壁虎的口中美食了。不过，壁虎要想把白蚁吃进嘴里，嘴得够大才行。

华盛顿湖鲑鱼是快速进化的另一个例子。它们仅用60年就演变成了两种鱼：一种居住在湖岸附近，另一种居住在湖深处。两种鱼的外观有明显的差异，DNA也不相同。它们经过15代就发生了如此大的变化！

化石

化石是非常古老的动植物的遗体或遗迹已经石化变成的岩石。我们可以根据化石研究过去，它们可以是骨头、外骨骼或者被压碎时柔软部分的残留物在岩石上留下的痕迹……总而言之，化石就像是一本远古相册。

如果没有化石，我们很难想象一亿年前，在地球上占统治地位的是一些巨型怪兽，它们有数米之高，几吨重。对，它们就是恐龙。

*资料摘自巴塞罗那自治大学安东尼奥·巴巴迪亚的著作。

因此，通过对化石的研究，我们得以了解生物以及地球本身的历史。

36亿年前，第一个原核细胞出现。

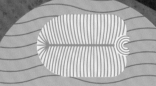

6.5亿年前，第一个具有多细胞的动物出现。

3.6亿年前，第一批陆地脊椎动物出现。

6500万年前，恐龙灭绝。

10万年前，智人出现了。

为了帮助我们了解以上信息在历史时间轴上的位置，假设将地球的历史压缩成一个小时，那么细菌将在20分钟时出现，恐龙在55分钟时出现，到59分20秒时类人猿出现，1小时整点闹钟响起时，人类才登场。

喙

喙，在大多数情况下指鸟喙，是有喙动物吃掉食物的"路径"。有些喙还具有其他奇特的功能。

总的来说，鸟类的喙已经进化成多种多样。我们只需看看现在的各种鸟喙就可以了解，它们中有细细的、小小的，也有大大的、宽宽的，不胜枚举。

红交嘴雀：

红交嘴雀要取食松树球果里的种子，它的喙是最趁手的工具。

鹲鹲（巨嘴鸟）的喙为何如此巨大？

答案令人难以置信：这样有利于在热带雨林中散热降温。巨嘴鸟的鸟喙上布满了毛细血管，当需要散热降温时，这些毛细血管会充满血液。这样，它就不至于在高温下窒息而死。

剑嘴蜂鸟：

就与身体比例而言，剑嘴蜂鸟的鸟喙是鸟类中最长的一种，与身体的比例几乎是1：1。为什么这么长呢？因为这有利于它取食各种花中的花蜜。

鲸头鹳：

这种栖居在沼泽地区的鸟类，用强有力的喙猎捕食物，比如青蛙、鱼、蜥蜴等。

白琵鹭：

它用非常敏感的喙在浅水中扫掠，吞食捕获到的水生无脊椎动物、两栖动物或小鱼。

兀鹫：

兀鹫的喙能轻易撕碎动物的身体，并在吞食之前把它们切碎。

防卫

甲壳、针、胸甲、刺……

在本章中，我们将看到一些物种如何以及为什么能很好地自我保护，也许正是其优秀的防卫能力才使它们免遭灭绝。

脊椎动物具有内骨骼，而许多物种具有肉眼可见的外骨骼。蜘蛛和不少昆虫便是如此，珊瑚也是如此。

你能想到动物的哪些防御方式？比如，穿山甲全身披满厚厚的鳞甲，犀牛的身上覆盖大片坚硬的皮肤。

刺猬满身是刺。刺猬在过去的1500万年中都没有发生太大的变化。一身尖刺使它们免受天敌的伤害，也不需要通过奔跑来寻求庇护。

一些软体动物长有结实的壳，用于保护自己。这种壳主要是钙质结构的。这些软体动物有牡蛎、贻贝、蜗牛等。

大多数龟类的外壳都异常坚硬，它们像是焊接在椎骨和肋骨上的硬板一般。

攻击成年龟绝非易事，不过要是幼龟或者是四脚朝天的龟，就另当别论了。

海龟的头、颈和四肢不能缩进龟壳内，因为从进化的角度看，它们得适应游泳的需要，而游泳是最有效的生存技能。

足

具有四足的脊椎动物被称为四足动物。这并不奇怪，你想象一下马、狮子的样子……甚至是人类的形象，很熟悉对吧？

但是，要是说鲸、蝙蝠、鸟类或蛇也是四足动物，你可能就要惊掉下巴了。它们的祖先曾经在陆地上用四肢稳步行走，想想这些都难以置信，是不是？

动物的四肢非常多样化，可带有指甲、软垫、吸盘、膜、槽沟、鳞片等，可以想象它们的功能：奔跑、跳跃、缓冲、打击、攀爬、飞行或滑行，甚至还用于清洁或抓挠自己。

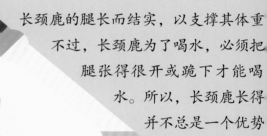

长颈鹿的腿长而结实，以支撑其体重。不过，长颈鹿为了喝水，必须把腿张得很开或跪下才能喝水。所以，长颈鹿长得并不总是一个优势。

章鱼的触腕带有吸盘，可以抓住并困住它们的猎物，但它们并不是唯一具有这种能力的动物。

马的腿适合直线奔跑，因为骨骼结构并不适宜走路或弯道奔跑。马无法像人类那样拐弯。为什么呢？这是因为它们在进化的进程中适应了没有很多树木或高大植被的环境，在那儿逃脱掠食者的最好方法是向前狂奔，这也是它们擅于奔跑的原因。

鸵鸟是体重最大的鸟类，它们的翅膀已经退化了，所以飞不起来。但是鸵鸟的腿很长而且十分强健，跑起来速度惊人，可以达到70千米每小时！

草原上的草食性哺乳动物的腿像弹簧一般，有利于第一时间起跑加速，比如羚羊。甚至其中一些也能像运动员一样跳跃，以便逃脱危险。

有些昆虫可以用它们的足在水上行走，比如水黾。

有一种蜥蜴叫双冠蜥，它们在感觉到危险时会从水面上逃走，它们跑得很快，这得益于其足部的进化。这些蜥蜴的脚趾周边长有小小的蹼，这有利于在水面上奔跑。

一些鲜为人知的蝙蝠物种，例如盘翼蝠，它们的脚跟和拇指下方都有吸盘。这些吸盘使它们能在物体的表面上吸附停留。

有些鸟类不会在地面上行走，比如乌鸫，它们是跳来跳去的。这说明它们在进化过程中，骨骼和肌肉都不需要去适应类似人类的移动方式。

每个物种都已经适应了自己的移动方式。对某个物种更有效的方式不一定适用于其他物种。

爪

爪是某些脊椎动物的手或脚，长长的指甲既坚固又锋利。爪可以用来挖洞、抓东西、站立，还可以用来切割或抓伤猎物，掏出猎物内脏等。

一些猛禽的爪子极为结实有力，比如西班牙雕或游隼。它们用爪子制服猎物，还可以带着猎物在空中飞行。

美洲角雕的爪大而强健，爪长可达15厘米。

有些动物的爪子完全不具有攻击性，如鬣蜥的爪子。鬣蜥在不稳定的表面时用爪子稳固地支撑身体。变色龙主要生活在树上，它们的腿不长，脚趾会聚拢在一起，分为两组，成夹子状，使它们可以紧紧地抓住物体。

几乎所有猫科动物的爪子都有可伸缩的趾甲。当它们休息时，趾甲会得到脚趾的保护。而当它们发动攻击或撕扯时，肌肉紧张发力，趾甲就会现形。

树懒的爪子极其引人注目，非常大，但并非用于捕猎。它们用爪子抓住树枝，倒挂着，长时间在树上不动。当有掠食者侵犯它们时，树懒也用爪子进行防卫。

巨犰狳用爪子刨土，寻找蚂蚁等食物，还可以在遇险或为了躲避时挖掘逃生之路。在这方面，巨犰狳可是行家里手。它们每只脚的第三趾上都有长长的趾甲。由于需要大量掘土，其前爪很大。

熊是跖行动物，是用脚掌行走，其前爪锋利如刀。有的熊的前爪长度可能会超过10厘米。

15

颜色

人们可能会认为动物的颜色不过是自然界偶然变化的结果，与动物的生活并无明显关系，认为物种进化与颜色也没有联系。事实绝非如此。当你知其所以然时，一定会大为吃惊。

有些动物的体色会与周围环境融为一体，达到伪装的目的，比如老虎。

有一些蝴蝶的翅膀是由许许多多小的鳞片组成，能呈现出更大或更危险的动物的颜色或面孔，让天敌心生恐惧，知难而退。

尽管变色龙拥有复杂的色素细胞系统，可以根据特定的颜色组合来改变皮肤的颜色，但它能变为环境的颜色来伪装自己的说法并不完全准确。它们可以做到的是调整皮肤的色调。当变色龙身上出现明亮颜色时，一般都是它感到害怕的时候，以展示其攻击性，或者是向对手表达愤怒情绪。

雄性和雌性欧亚鸲都长有红色的胸羽，但略有区别，雄性要比雌性的面积大。红胸斑会随年龄的增加而扩散。因此，科学家认为红胸斑与欧亚鸲的年龄和性别有关。

通常，鲜艳的色彩是动物发出的关于危险、警告或注意的信息。

在海底世界，象耳海绵用红橙色向捕食者提示它们味苦难食，甚至有毒。

一些毛毛虫，如朱砂蛾毛虫为黄黑配色，鸟类都会本能地躲避它们，因为这些颜色是有毒的警示。

箭毒蛙的颜色非常鲜艳，十分醒目，不过这表示它们不可触摸，因为有毒。

有些动物模仿有毒动物是为了欺骗掠食者。比如奶蛇，它生活在有珊瑚蛇（蛇身为黄、红、黑三色，表示有毒）的地区。它们进化出与珊瑚蛇相似的形状和颜色，以使掠食者不敢靠近。大自然真是充满了智慧！

为什么羽毛是五颜六色的？

这个问题的答案不止一个。有些鸟类有彩色的羽毛，是因为它们以一些有色素（如类胡萝卜素）沉着的植物为食，或者因为它们捕食的动物是吃这些植物的，食物被消化吸收后，羽毛就会呈现红、黄、橙等颜色。鸟类自身也产生其他色素（比如黑色素），使它们变成棕色、灰色等颜色。而绿色等其他更为醒目的颜色则来自某些鸟类体内发生的更复杂的变化。

牙齿

牙齿有很多功能，比如咬住、咀嚼、撕裂、切割等。每种功能都需要特殊的形状结构，每个物种都进化出不同的牙齿来适应生存。

长颈鹿的牙齿数量与人类相同，一共32颗。

你知道哪种动物的牙齿最多吗？答案是鲇鱼。在鲇鱼的众多种类中，一些种类的牙齿超过9000颗。

大多数鲨鱼的上下颌各有5～15排牙齿，而且经常换牙。它们的牙齿很容易脱落，因为没有牙根。鲨鱼在一生中会长出成千上万颗锋利的牙齿，这些可都是致命武器哦！

大型尼罗鳄有64～68颗牙齿，专门用来抓捕猎物。鳄鱼一旦把嘴闭合，就会自转以撕扯猎物。

一些动物长有胡须，是替代牙齿的软软的须。比如蓝鲸，它们通过巨大的嘴巴和鲸须过滤海水，以捕获小甲壳动物。

牙齿也有其他重要作用，其中之一是在交流时让脸部表情更生动丰富。许多哺乳动物都会露出牙齿，不过，可不一定像人一样是在微笑哦。

一些捕食者露出牙齿表示生气或暴躁。狒狒则以此展示自己的力量。黑猩猩像我们一样"微笑"时，并不是因为高兴，而是出于恐惧。

当我们谈论具有奇特适应性的尖牙时，我们往往想到的是大象，而忘记了毒蛇。毒蛇的毒牙几乎算得上是巧夺天工。它们的牙齿向内弯曲，因此猎物一旦被咬上，就休想逃掉。另外，毒蛇的牙齿是与毒液导管相连的。

羽毛

羽毛是表皮细胞衍生的角质化结构。从进化角度看，鸟类翅膀的出现似乎是为了帮助需要长距离奔跑的动物保持平衡的。"手臂"的表面积越大，就越容易保持平衡，直到最终变成用来飞翔的翅膀。另一种可能性是，长有羽毛翅膀的动物是由在树枝间滑翔的动物进化而来的。这些说法都是根据化石研究推测的。

尽管翅膀的形状、大小和翼展有很大的差异，但根据其功能，通常分为以下几种类型：最显眼的是初级飞羽，长在翅膀的最外端，负责提供飞行动力。

1	初级飞羽	**6**	次级中覆羽
2	初级大覆羽	**7**	次级小覆羽
3	小翼羽	**8**	三级飞羽
4	次级飞羽	**9**	肩羽
5	次级大覆羽		

羽毛的结构很复杂：中央部分是羽轴，即细长的中空圆柱体。羽根深入皮肤，组成羽毛的还有羽片和副羽。

羽轴　　　羽片　　　副羽　羽根

尾羽又叫舵羽，主要决定鸟类飞翔时的升力、方向和飞行倾斜度。那些随气流滑翔的鸟类极善于使用尾羽。

为什么鸟不会湿漉漉的?

鸟类不管是在潜入水中还是在掠过水面时,身上都难免会弄到水,但却不会湿漉漉的。原来,许多鸟类的尾巴附近有一个腺体,该腺体能分泌出一种油脂,鸟类用喙打理羽毛时会将这些油脂涂抹在羽毛上,从而起到防水作用。

不会飞的鸟

我们知道,有些鸟因为无需飞行而失去了飞行能力。比如企鹅,因为适应了游泳,于是其翅膀演化成了鳍状肢。又如鸸鹋,擅于奔跑,腿部变得非常强壮。还有一些鸟类由于没有天敌,或者不需要长途跋涉,也丧失了飞行能力,比如那些栖居在岛上的鸟类。

毛发

动物用毛发保护皮肤，这种方式充分说明了物种是如何通过进化来适应其生活环境的。不过，毛发不单用来抵御恶劣的天气，还可用于避免树枝的刮擦，或是动物以主动方式抵御其他动物的攻击（如刺猬身上的针刺其实是空心但坚硬的毛发），以及通过拟态等被动方式来避险。

对于某些动物来说，毛发是其外衣或保护系统，用以应对不同的气候条件。这就是某些狼等动物在最恶劣的季节换毛的原因。它们的毛在夏天时短而细，在冬天时则会变长。

野猪具有长而粗的毛，即猪鬃。在一些荆棘丛生的地方，猪鬃可以保护其皮肤。

水獭是游泳高手，它的毛浓密且适应水生环境。在游泳时，毛发间会形成一层空气，使其皮肤不与水直接接触，还可以保持体温。

一些捕食者，比如虎和豹的毛色具有伪装作用，可与它们蹲伏狩猎的环境融为一体，便于突袭。

大熊猫特征鲜明的黑白色将它们与栖居地完美地融合在一起。

有些哺乳动物出生时就没有或几乎不长毛，比如老鼠、松鼠、兔子等，某些犬种也没有毛。还有一种猫，叫斯芬克斯猫，看上去全身光秃秃的，实际上它有一层柔细的绒毛。

鳞

鳞片很小，有些却很坚硬，其功能是保护动物的皮肤。它们通常层层堆叠，以便于保持移动的灵活性和速度。在本章中，你会发现除了鱼类和爬行动物，其他物种也可能有鳞片。

鳞片的类型取决于它们的功能及动物的种类。鱼类、爬行动物、鸟类、哺乳动物和许多昆虫的鳞片组成通常都不一样，甚至是以非常迥异的方式呈现。把沙丁鱼的鳞片与蛇的鳞片进行比较，它们看起来并不像，对不对？

有些昆虫，比如蝴蝶和飞蛾，它们的翅膀上有很小的鳞片，只要碰一碰就会脱落。蝴蝶和飞蛾的鳞片可以形成五颜六色的美丽的图案。

鸟类也有鳞片吗？

是的，但不是在翅膀上，而是在腿和脚上。看看这只虎头海雕的爪子！科学家曾经认为爪子上的鳞片与爬行动物的鳞片类型相同，但是现在知道了它们是由羽毛演化而来的。

鳞片为我们提供了物种进化的线索，同时也可以证明它们有共同的祖先。例如，有些哺乳动物身上也拥有鳞片，老鼠的尾巴上有，而穿山甲身上则覆盖着大片保护性的鳞甲。

痕迹器官

研究物种进化的生物学家和博物学家常常像侦探一样，寻找各种线索以帮助他们了解进化这一自然过程。

有些动物身体的某些结构，其原始功能已经消失或退化，甚至有所改变，这些结构被称为痕迹器官，即曾具有功能，如今却没有用处的残存器官。

鲸的祖先曾在陆地上行走，你相信吗？没错，就是这样的。因为有科学证明：只有四足动物有骨盆，即连接后肢的骨架。

鲸仍然拥有曾经的骨盆，不过，其功能已经消失，但这证实了生活在水中的鲸曾在陆地上生活过。

另一个有趣的例子是某些动物之间几乎没有关系，但是由于进化而形成了相似的结构。这个过程被称为收敛进化。

比如已经灭绝的袋狼。袋狼是什么样子？研究表明，它们与树袋熊和袋鼠有关，因为它们都是有袋动物。正是生活方式和进食方式令袋狼的外观在反复无常的进化过程中变得与犬科动物相似。

鱼鳔是一个充满气体的囊，可以帮助鱼在水中漂浮。而鱼鳔最初是鱼的祖先用来呼吸的肺。

这意味着鱼的祖先像人类一样呼吸。难以置信吧？

刺猬、澳洲针鼹和豪猪看起来很像，身上都有刺，但它们之间没有什么关系。

在其他情形下这种相似性并不是那么明显，比如蝙蝠和鲸类动物都是利用回声来定位物体，即使看不见也没关系。

鳍

鳍是生活在水中的动物用来游泳、维持平衡、产生推力和控制方向的。不过，有些来自海洋的物种在适应陆地环境后，它们的鳍演化成了四肢。相反，一些陆生动物（例如海豚）在适应水中生活后，四肢又演化成了鳍状肢。

在鱼类和一些海洋哺乳动物中，我们能观察到不同类型的鳍，每种鳍的功能各不相同。

偶鳍是指在身体的两侧都有，并成对出现的鳍：胸鳍位于左右鳃孔的后面，有助于运动；腹鳍或臀鳍位于身体的中间，有助于保持身体平衡。

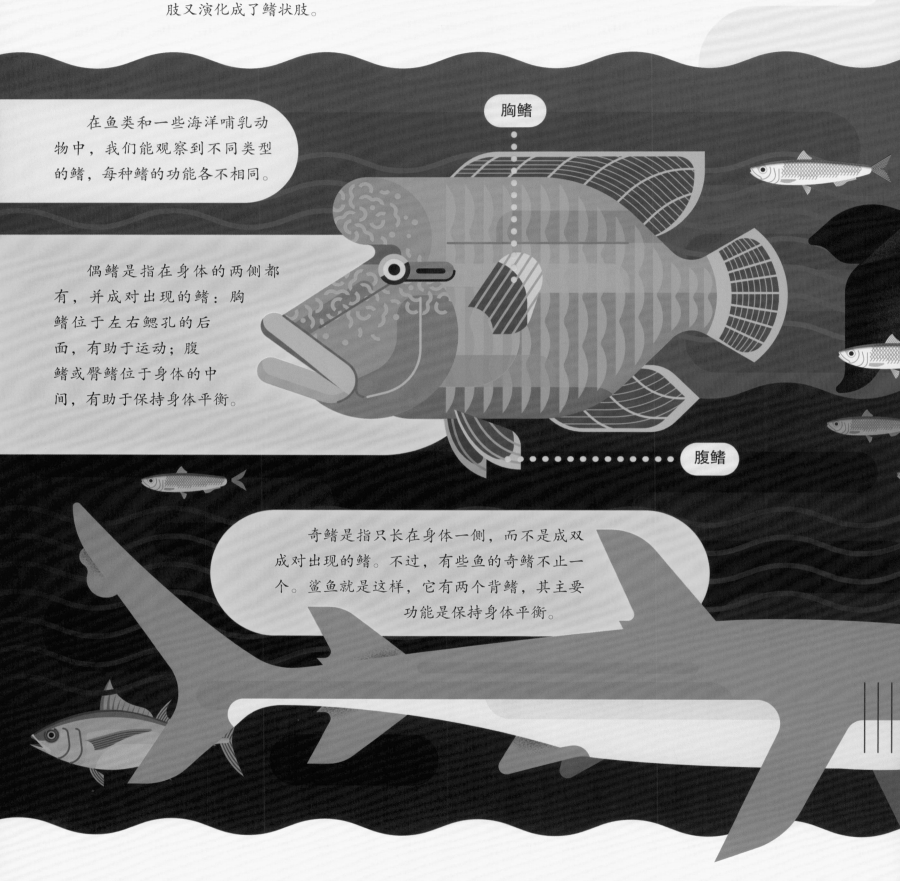

胸鳍

腹鳍

奇鳍是指只长在身体一侧，而不是成双成对出现的鳍。不过，有些鱼的奇鳍不止一个。鲨鱼就是这样，它有两个背鳍，其主要功能是保持身体平衡。

雄性虎鲸的背鳍有一人高。你或许见过一些背鳍弯弯的虎鲸，特别是有些雄性虎鲸，它们大都是人工饲养的。

尾鳍位于尾端，是产生推力必不可少的部位。根据物种不同，需求不同，尾鳍的种类也有很多。它们可以是垂直或水平的，单尾或多尾的。

例如，沙丁鱼的尾鳍是垂直型多尾尾鳍，看上去尾鳍像是一分为二了。

相反，食蚊鱼的尾鳍没有分叉。有些食蚊鱼的尾鳍柔软而薄细，另一些则厚实而强壮。

臀鳍位于腹部。

还有一些特别的鱼鳍：如大眼金枪鱼的背部长有小鳍，从背鳍处一直延伸到鱼尾基部。还有一些鱼类身上的鳍表现为尾龙骨和脂鳍。

脚趾

在本章你将看到，根据使用的频率和功能演化而来的不同的脚趾。如果有些动物不使用脚趾，它们便会慢慢消失，并且许多动物的脚趾少于5个。

鲸类的脚趾藏于鳍内，仍保留着其结构。毫无疑问，这些脚趾会随着时间的流逝而最终消失。那些适应飞翔的动物在进化过程中或多或少保留了它们的脚趾。蝙蝠的脚趾得以发展，而鸟类的脚趾可能已经退化或消失。陆生动物的脚趾则根据其功能发生了巨大的变化。

鲸　　　蛙　　　马

你知道吗？狗的前肢有五个脚趾，而后肢只有四个。如果第五个脚趾不使用，它就会慢慢退化消失。

你知道吗？有些动物失去了脚趾而靠趾甲（蹄）来支撑身体。马只剩下中脚趾并靠它行走，这就是经过长期演化、发展形成了有利于行走的马蹄。这么说来，马好像是踮着一只脚趾头在走路哦。

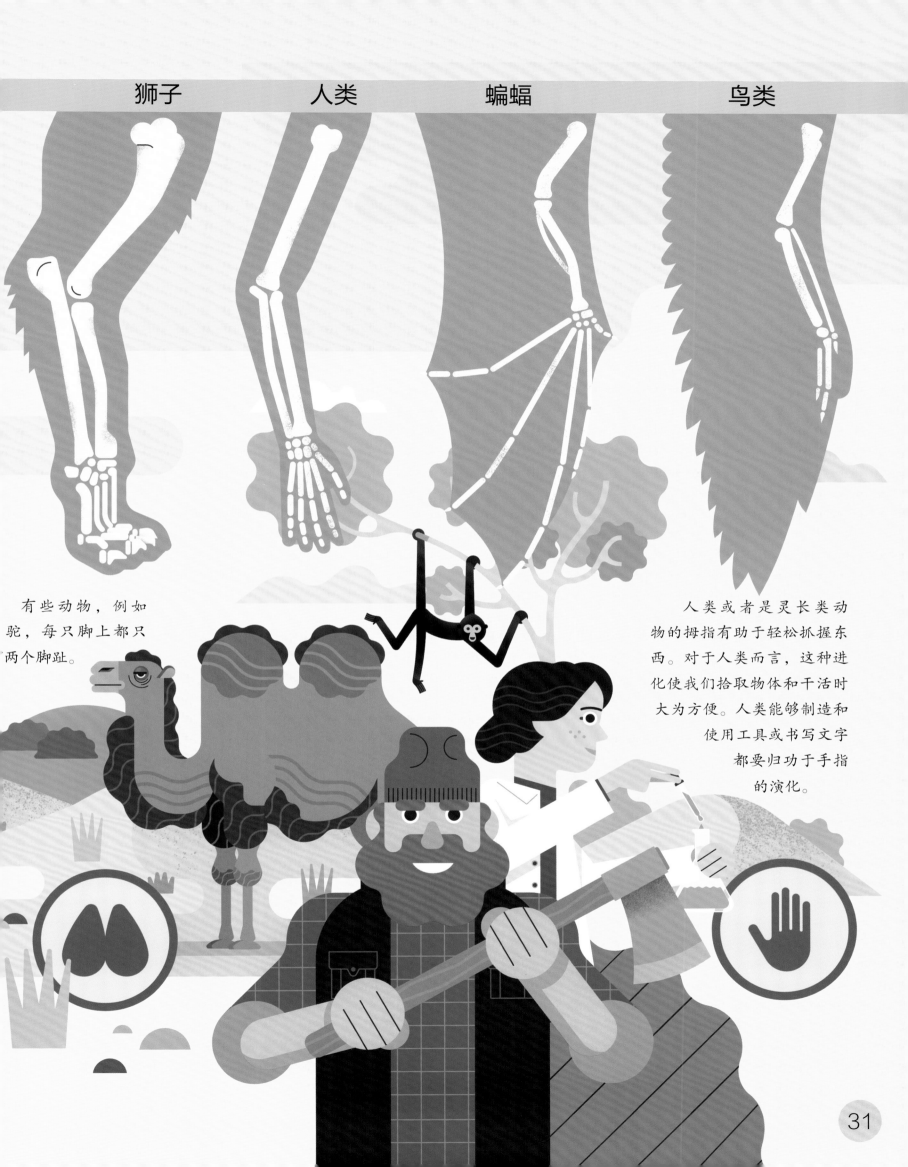

有些动物，例如骆驼，每只脚上都只两个脚趾。

人类或者是灵长类动物的拇指有助于轻松抓握东西。对于人类而言，这种进化使我们拾取物体和干活时大为方便。人类能够制造和使用工具或书写文字都要归功于手指的演化。

31

翅

本书中很少有哪种身体部位能和翅膀一样拥有如此多样的进化种类。从体型巨大的欧亚兀鹫到肉眼难以观察到的昆虫，再到半透明的蝙蝠，它们的翅膀用途不一，形状迥异，质地和颜色也各不相同。哦，对了，它们的翅膀并不都是为飞行而生的！

兀鹫是滑翔大师，它会在空中花费数小时来寻觅腐肉。兀鹫会选择适合的气流，以保持飞行的动力，同时还要扫视地面各个角落以寻找食物。

蜂鸟具有非常长的喙，因为它们需要深入花朵的内部吸食花蜜。为此，它们必须在花前保持悬停。蜂鸟的翅膀能在短时间内快速扇动，这一特点可使它们实现悬停和倒飞。

昆虫翅膀的形状和构造非常复杂。多数昆虫具有两对翅膀，上有翅脉，看起来像是在翅膀上绘制的线条，它使翅膀的质地变硬。

昆虫是无脊椎动物中唯一的有翅动物，因此也是唯一能飞行的无脊椎动物。但有一点要注意：和鸟类不一样，它们的翅膀并非由前肢进化而来，而是自身发展的身体结构。

蝙蝠是唯一能主动飞行的哺乳动物。它的翅膀很特别，看上去就像一只张开的手，让人能分辨出其手指的样子，上面覆盖有皮膜。蝙蝠的翅膀是半透明的。

鳞翅目昆虫的翅膀上有微小的彩色鳞片，比如蝴蝶。而毛翅目昆虫石蛾的翅膀则被毛覆盖。

鸡有翅膀，但是它们飞得并不远，因为它们的翅膀难以支撑自身的体重。野鸡的飞翔能力强一些，但是家养鸡却失去了这种能力。这是人类干预物种进化的案例，人们选择符合自己饲养标准的鸡种，并使其延续下来，因而使它们发生了明显的变化。

鸸鹋或鸵鸟等鸟类的翅膀几乎丧失了飞翔功能。

鞘翅目昆虫的膜质后翅藏在更坚硬、更耐用的前翅底下，就像是可折叠的翅膀。

企鹅的翅膀适合游泳，它们用鳍状前肢在水中游动。鸟类通常有羽毛，企鹅也有，但很短，不像是有羽毛的样子，因为太不一样了。企鹅不会飞翔，但利用羽毛防水，并形成一层空气层，以便于漂浮和保持适宜的体温。

33

物种分类研究

300多年前，科学家、博物学家以及业余爱好者对自然充满热情，并努力对生物进行分类以了解其起源，但他们面临几个重大困难。首先，给动物起什么名字，可以打破语言文字之间的隔阂，使大家都能看懂；其次，如何根据科学标准对动植物进行分类？

那时人们一筹莫展，直到瑞典生物学家卡尔·林奈找到解决方案：他发明了所有生物的分类标准，并建议用拉丁文给每个物种进行科学命名，从而避免语言理解的问题。

为此，他建议将相似的种归为属，再归为科，然后将具有相似特征的科归为目，下面依次是纲、门，最后是界。来看看林奈如何对你家的猫进行归类。

了解一下为什么你家的猫与狮子有亲戚关系。林奈的物种分类系统对于理解进化也非常有帮助。

来看一个例子。站在金字塔顶端的是你家的猫。下面一层是世界上的各种猫，它们构成了猫属。接下来是第三层，狮子和老虎属于豹属，猫属于猫属，猫属和豹属（及其他属）构成猫科。

这就是为什么流浪猫和大草原的狮子有亲戚关系的原因，它们有共同的祖先！

不仅如此。猫科动物与犬科动物（如狼、胡狼、狗等）、熊科动物（熊）等一起构成食肉目，因为它们的食物主要或完全是肉类。

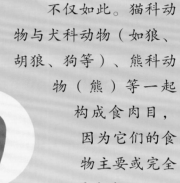

食肉动物与啮齿动物、灵长类动物等属于哺乳（纲）动物，因为它们为幼崽喂奶。

哺乳动物，还有鱼、爬行动物和两栖动物，它们都有脊柱，属于脊椎动物亚门，而脊椎动物亚门又归于脊索动物门。

脊索动物、昆虫（节肢动物门）、软体动物和成千上万的各类虫子则构成动物界的一部分。

因此，每级分类都包含前一个分类，再加上其他类别。例如，哺乳纲动物包含食肉目动物以及其他目的动物。其他目的动物里可能就有食草动物。